글 지은이와 사진 찍은 이

●

김선미

세상에 태어나 가장 잘한 일은 두 딸의 엄마가 된 것이라고 생각한다.
나이를 먹으면 할머니가 돼 딸의 아기를 품에 안을 수 있는 가능성이 커진다는 데 가슴이 설렌다.
지금까지 ≪아이들은 길 위에서 자란다≫ ≪바람과 별의 집≫ ≪산에 올라 세상을 읽다≫
≪좁쌀 한 알에도 우주가 담겨 있단다≫ ≪살림의 밥상≫ 등의 책을 썼다.

김미선

대학에서 철학과 사진을 공부했다. 아이들에게 사진을 가르치는 일을 하고 있다.
www.finestudio.co.kr

이 책의 인세 1%는
아름다운재단에 기부되어
이른둥이를 지원하는
'다솜이작은숨결살리기'에
쓰입니다.

사랑한 아가에게

엄마 아빠가 함께 쓰는
태교 편지

생명을 만드는
열두 가지 이야기

밥 씨 별 봄
물 불 흙 바람 나무
잠 몸 숨

김선미 글 — 김미선 사진

mago
books

마고북스

아가야, 너는 우주란다

젖을 물려 키운 어린 딸들이 여자가 되고 있습니다. 발그레하게 피어나던 소녀가 다달이 붉은 꽃잎 얼룩지는 달거리를 통해 할머니에서 어머니로 또 딸에게 이어지는 길고 오랜 생명의 강물을 만났습니다. 딸아이가 첫 생리를 시작했을 때 마치 다시 젖이 도는 것처럼 가슴이 찌릿했습니다. 여자의 몸으로 여물어 가는 딸을 바라보는 엄마의 마음이었을까요. 여자는 누구나 엄마가 되는 줄 알았습니다. 하지만 '엄마'는 선택받은 사람만이 누릴 수 있는 놀라운 축복이었습니다. 임신과 출산은 용기가 필요하고 책임이 필요하고 참고 견디며 끝없이 돌봐야 하는 인내가 필요한 일이었으니까요.

그래서 당신과 아기는 있는 그대로 커다란 기쁨입니다. 아기를 위해 우리를 둘러싼 온 우주가 힘을 모으고 있습니다. 당신이 우리를 영원히 살게 하는, 생명의 불씨를 이어 가기 때문입니다. 참 고맙습니다.

생명을 만드는 열두 가지 이야기 속에 그 고마움을 담았습니다. 밥, 씨, 별, 봄, 물, 불, 흙, 바람, 나무, 잠, 몸, 숨…. 하지만 제가 쓴 편지는 아주 작은 부분입니다. 실제로 생명을 만드는 것은 뭇별들처럼 헤아릴 수 없이 많은 존재들이니까요. 나머지는 당신이 직접 들려주세요. 우리가 온 우주와 하나로 이어져 있다는 믿음으로, 세상을 향해 마음 열고 귀 기울이면 이야기가 절로 들려옵니다. 태교는 그 믿음으로 스스로를 온전히 축복하고 감사하고 사랑하는 일 아닐까요.

딸들이 엄마 키보다 훌쩍 크게 자라났지만, 아직도 보드라운 솜털과 뽀얀 살갗, 햇볕에 잘 말린 배냇저고리와 기저귀의 감촉, 젖을 빨며 흠뻑 젖은 아기 몸의 시큼한 땀내와 쌔근대는 소리들이 떠올라 가슴이 설렙니다. 《사랑하는 아가에게》는 그때 딸들에게 미처 쓰지 못한, 엄마의 뒤늦은 연애편지입니다. 언젠가 엄마가 될 딸들을 위한 선물이기도 하고요.

책을 쓰는 동안 신기하게도 시험관 아기로 어렵게 첫째를 낳은 올케는 자연 임신을 하고, 나이 든 후배들이 오랜 불임 치료 끝에 임신을 하고, 또 좋은 짝을 만나 금세 아기를 가졌다는 소식들이 들려왔습니다. 제가 마법에 걸린 것 같았습니다. 그 아기들을 생각하며 편지를 써 내려가는 동안 제게도 누군가 깃들어 있는 듯 황홀했습니다.

사진을 찍은 김미선 님은 두 아들의 엄마인데, 저와 한동네에서 젖 물리고 기저귀 갈면서 만났던 벗입니다. 책을 꾸민 이규중 님은 곧 셋째가 태어나는 아빠입니다. 또 세상과 생명을 만든 여신 마고할미의 이름을 딴 출판사 마고북스는 제 책 《아이들은 길 위에서 자란다》와 《바람과 별의 집》을 통해 딸들이 자라는 모습을 지켜봐 준 곳입니다. 좋은 인연들이 한데 모여 《사랑하는 아가에게》를 만들었습니다.

책보다 먼저 세상에 나온 금이와 사랑이, 아직 배 속에 있는 나온이와 라봉이, 은별이, 공주, 나무 또, 태명을 알지 못하는 모든 아기와 부모들에게 이 책을 바칩니다. 그리고 내가 세상에 외따로 있지 않고 온 우주와 연결되어 있다는 가르침을 주신 선생님들께도.

모두가 참 고맙습니다.

2011년 여름은 가고 가을 깊어 가는 길목에서 김 선 미

차례

이 책에는 엄마 아빠가 직접 아기에게 편지를 쓸 수 있는 공간이 마련되어 있답니다.
배 속 아기에게 편지를 써 보세요. 책 속의 편지를 필사하셔도 좋겠지요.
또 그대로 읽어 주면 좋은 태담이 된답니다.
당신의 아기가 건강하게 자라나 이 편지를 스스로 읽고 기뻐하게 될 먼 훗날을 그려 봅니다.

인용한 좋은 글
17쪽* 동학 연구가 고 표영삼의 말씀 중에서
29쪽* 격월간 〈민들레〉 72호, 이현주 목사의 '애를 잘 기르려고 궁리하지 말고' 중에서
51쪽* 도종환의 시 '흔들리며 피는 꽃'에서

사랑하는 아가

__________________ 에게

아가에게

●

아가야, 너에게 쓰는 첫 편지에 가슴이 두근거린다.

무슨 이야기부터 할까. 그래, 네가 엄마 몸속에 깃들었다는 소식을
들었을 때, 엄마에게 무슨 일이 일어났는지부터 알려 줄게.

"고맙습니다!"

누구에게든 상관없이 엄마는 먼저 감사 기도를 올렸단다.

그리고 들뜬 마음으로 사랑하는 사람들에게 네 소식을 알렸지.

지금도 그때 생각을 하면 가슴이 뛰어. 그리고 나서부터 엄마에게는 밥을
먹는 일이 아주 중요해졌단다. 내가 먹는 밥이 우리 아기가 되는구나.

엄마가 먹는 밥 한 술, 물 한 모금이 너의 피와 살과 뼈를 만들어 간다는
것을 깨달은 거야. 누가 가르쳐 주지 않아도 엄마 온몸의 기운들이
배 속 깊은 따스한 곳에 자리 잡은 너에게 쏠리고 있다는 것을 느꼈으니까.

온 마음이 너를 위해 온전히 힘쓰고 있다는 것을.

그래서 엄마는 오늘 먹는 밥 한 그릇에 고마워한단다.

너를 만드는 이 밥은 어디에서 왔을까.

농부의 땀방울이 하늘과 바람과 별의 도움으로 볍씨에 싹을 틔워 쌀을
길러냈지. 엄마가 아기를 보살피듯 농부가 자식처럼 길러낸 벼가 여물어
밥 한 그릇 속으로 들어왔단다.

엄마는 이 밥에 네가 만나게 될 바깥세상, 온 우주의 기운을 담아 보낸다.

달콤한 침이 나올 때까지 꼭꼭 씹어서 '잘 먹겠습니다!' 인사도 하면서.

너로 인해 엄마는 우리가 우주와 하나로 이어져 있다는 사실을 느끼게
되었단다. 고마워, 우리 아가.

밥이
당신이고
밥이
아기입니다

아기를 가졌다는 사실을 알게 된 순간, 당신은 어떤 모습이었을까요? 저는 몸살 때문에 시름시름 앓다가 혹시나 하는 생각에 감기약을 먹기 전에 산부인과에 가 봤던 기억이 납니다. 점심도 거르고 병원에 들렀다가 아기 소식을 들었습니다. 병원 문을 나서면서부터 계속 빙긋빙긋 웃게 되더군요. 그리고는 몹시 배가 고팠어요. 식당에 들어가 제일 좋은 음식이라고 여겨지는 것을 시켜 천천히 아주 맛있게 먹었어요. 평소

식당에서 혼자 밥 먹는 일은 엄두도 못 낼 때였는데 말이죠. 이제부터는 혼자가 아니라는 생각, 내가 먹는 밥이 얼마나 중요한지 절로 깨달은 순간이었지요. 살아오는 동안 내 입을 통해 먹는 음식에 대해 비로소 진지하게 생각해 보는 일, 그것부터 아기가 우리에게 주는 선물이라는 것을 알았습니다.

입덧은 엄마의 몸을 정화시키려는 생명체의 경고라고 말하는 분들도 있습니다. 이제껏 분별없이 아무거나 배불리 먹어 왔던 식습관을 바로잡으려고 우리 몸의 자정 능력이 작용하는 것이라고요. 저는 아기가 엄마에게 온몸으로 보내는 신호라 생각해요. "엄마, 제 몸을 만드는 먹거리들을 소중하게 살펴주세요." 라고.

'내가 먹는 것이 바로 나'라는 말이 있지요. 우리는 엄마가 되면서부터 '엄마가 먹는 것이 바로 아기'가 된다는 것을 온몸으로 배우게 됩니다. 조금만 더 관심을 가져 볼까요? 우리가 먹는 밥 한 그릇에는 3,000~4,000개의 쌀알이 들어 있는데 이것은 벼 세 포기에서 나오는 낟알의 수라고 해요. 논에서 이 벼 세 포기가 자라는 공간에는 물벼룩 5,093마리, 투구새우 4마리, 올챙이 35마리, 풍년새우 11마리 등 무수한 생명들이 함께 자라고 있다고 합니다. 물론 화학비료와 제초제를 쓰지 않는 건강한 논에서 말이죠. 논에 사는 뭇 생명들과 함께 햇볕과 별빛, 바람과 비를 공유하며 자라난 벼를 생각하면 '밥 한 그릇에 온 우주가 담겨 있다'는 말에 절로 고개를 끄덕이게 됩니다. 엄마가 된다는 것은 이렇게 세상을 다시 배워 가는 일이랍니다. 늘 먹던 밥 한 그릇에서부터 말이죠. 밥이 당신이고 밥이 아기입니다. 우주가 만든 밥을 먹고 자라는 아기는 새롭게 태어나는 작은 우주니까요.

아가야, 너에게 쓰는 첫 편지에 가슴이 두근거린다. 무슨 이야기부터 할까. 그래, 네가 엄마 몸속에 깃들었다는 소식을 들었을 때, 엄마에게 무슨 일이 일어났는지부터 알려 줄게. "고맙습니다!" 누구에게든 상관없이 엄마는 먼저 감사 기도를 올렸단다. 그리고 들뜬 마음으로 사랑하는 사람들에게 네 소식을 알렸지. 지금도 그때 생각을 하면 가슴이 뛰어. 그리고 나서부터 엄마에게는 밥을 먹는 일이 아주 중요해졌단다. 내가 먹는 밥이 우리 아기가 되는구나. 엄마가 먹는 밥 한 술, 물 한 모금이 너의 피와 살과 뼈를 만들어 간다는 것을 깨달은 거야. 누가 가르쳐 주지 않아도 엄마 온몸의 기운들이 배 속 깊은 따스한 곳에 자리 잡은 너에게 쏠리고 있다는 것을 느꼈으니까. 온 마음이 너를 위해 온전히 힘쓰고 있다는 것을. 그래서 엄마는 오늘 먹는 밥 한 그릇에 고마워한다. 너를 만드는 이 밥은 어디에서 왔을까. 농부의 땀방울이 하늘과 바람과 별의 도움으로 볍씨에 싹을 틔워 쌀을 길러냈지. 엄마가 아기를 보살피듯 농부가 자식처럼 길러낸 벼가 여물어 밥 한 그릇 속으로 들어왔단다. 엄마는 이 밥에 네가 만나게 될 바깥세상, 온 우주의 기운을 담아 보낸다. 달콤한 침이 나올 때까지 꼭꼭 씹어서 '잘 먹겠습니다!' 인사도 하면서. 너로 인해 엄마는 우리가 우주와 하나로 이어져 있다는 사실을 느끼게 되었단다. 고마워, 우리 아가.

아가에게

●

아가야, 너는 어떻게 엄마에게 깃들었을까?
봄이면 먼 여행을 떠나는 민들레 씨처럼 엄마 배 속까지
멀고 먼 길을 찾아온 너의 씨앗은 어디에서 왔을까.
그래, 사랑하는 아빠에게서 왔지. 아빠 몸 안에서부터 엄마의 몸 속
깊은 곳까지 여행을 한 씨앗 하나가 아기집 속에서 열매처럼
영글어 네가 만들어졌단다.
그러면 엄마와 아빠는 어떻게 만들어졌을까? 그래, 할머니와
할아버지의 씨가 아빠를 만들고 외할머니와 외할아버지의 씨가 엄마를
만들었지. 그리고 또 할아버지와 할머니를 만든 엄마와 아빠의 씨가
있었단다. 그렇게 자꾸자꾸 꼬리를 물고 거슬러 올라가다 보면
몇 날 며칠 밤을 꼬박 새워도 이야기가 끝나지 않을 거야.
아가야, 그렇게 너를 만든 씨앗 속에 무수히 많은 사람들의 씨앗이
깃들어 있단다. 인간이라는 생명의 불씨를 지키려는 아주 간절한
소망들이 그 씨앗을 품어 온 거란다. 새로 태어나는 아기를 통해
까마득한 옛날 옛적부터 내려온 생명의 끈이 계속 이어져 온 거지.
그러니 아가야, 너는 엄마 아빠의 사랑스런 씨앗이지만 지금껏 세상에
살아남은 모든 사람들의 소망이 영글어 있는 소중한 열매이기도 해.
그래서 우리는 외롭지 않단다.
씨앗에서 씨앗으로 이어진 수억만 년의 사랑이 우리를 지켜 주고
있으니까. 그렇게 온 세상이 너를 축복한단다.

저 아득한
처음의 씨로부터
이어진 생명

부모에게서 자식에게로, 어미로부터 씨앗으로 이어지는 종족 보존의 염원은 생명체가 가진 가장 근원적인 욕망이자 존재의 이유라고들 하지요. 우리가 사는 지구에는 그런 생명의 씨앗이 1천만 종이 넘는답니다. 그중에서 인간이 알아낸 것이 이제 겨우 175만 여 종이라고 하네요. 겨우라고 했지만 우리가 이름이라도 알고 실제로 만나 본 것은 과연 얼마나 될까요. 아득한 이야기지요. 하지만 엄마가 된 순간, 우리는 1천만 종이 넘는 다른 생물들과 똑같은 일을 하고 있다는 사실만큼은 꼭 기억하고 싶어요. 생명이 생명을 낳는 숭고한 일에는 우리와 개미 한 마리, 길섶에 숨은 꽃다지 하나의 가치가 다르지 않습니다. 생명의 무게는 모든 종이 똑같다는 생각, 오만해진 인간이 너무 쉽게 잊고 지내는 일이지만 어미가 되어 보면 그 애틋함 맘 때문에 공감할 수 있습니다.

지구의 나이가 45억 년이고 맨 처음 생명체가 생겨난 것이 34억 년 전이라고 하네요. 그 오랜 시간을 이어져 온 생명의 신비에 대해 우리가 알고 있는 것은 빙산의 일각에 붙은 티끌만도 못할 겁니다. 인간이 아무리 현미경으로 세포를 속속들이 들여다보고 우리가 정교한 초음파 사진으로 이목구비가 뚜렷한 아기 얼굴을 미리 확인할 수 있다고 해도, 여전히 생명은 수수께끼 그 자체입니다. 어쩌면 우리가 과학의 이름으로 알아낸 사실들은 그다지 중요하지 않을 수도 있습니다. 태초에 '말씀'이 있었다고 믿거나 또 다른 초자연적인 힘을 신뢰하는 분들도 분명 있으니까요. 다만 저는 이 말을 기억하고 싶습니다.

"저 아득한 처음의 씨, 우주가 처음 생기고 첫 부모님의 씨앗의 씨, 그 생명의 씨가 이어져 오늘의 내가 생긴 거예요."*

우리가 아득한 옛날 첫 생명의 씨앗으로부터 목숨을 이어 왔듯, 엄마에게서 아기에게, 씨앗에서 씨앗으로 생명의 끈이 이어지고 있다는 믿음, 가슴 설레지 않나요? 그렇게 생각하면 모든 생명이 서로가 서로에게 의지해서 살고 있는 지구라는 거대한 생태계가 달리 보입니다. 나와 아기가 탯줄로 이어져 한 몸이 된 지금 이 순간, 우리는 우주의 보이지 않는 탯줄에 의지해 살아가는 목숨입니다. 그러므로 온 우주가 당신과 아기를 응원하고 있다는 사실, 잊지 마세요.

씨

아가야, 너는 어떻게 엄마에게 깃들었을까? 봄이면 먼 여행을 떠나는 민들레 씨처럼 엄마 배 속까지 멀고 먼 길을 찾아온 너의 씨앗은 어디에서 왔을까. 그래, 사랑하는 아빠에게서 왔지. 아빠 몸 안에서부터 엄마의 몸 속 깊은 곳까지 여행을 한 씨앗 하나가 아기집 속에서 열매처럼 영글어 네가 만들어졌단다. 그러면 엄마와 아빠는 어떻게 만들어졌을까? 그래, 할머니와 할아버지의 씨가 아빠를 만들고 외할머니와 외할아버지의 씨가 엄마를 만들었지. 그리고 또 할아버지와 할머니를 만든 엄마와 아빠의 씨가 있었단다. 그렇게 자꾸자꾸 꼬리를 물고 거슬러 올라가다 보면 몇 날 며칠 밤을 꼬박 새워도 이야기가 끝나지 않을 거야. 아가야. 그렇게 너를 만든 씨앗 속에 무수히 많은 사람들의 씨앗이 깃들어 있단다. 인간이라는 생명의 불씨를 지키려는 아주 간절한 소망들이 그 씨앗을 품어 온 거란다. 새로 태어나는 아기를 통해 까마득한 옛날 옛적부터 내려온 생명의 끈이 계속 이어져 온 거지. 그러니 아가야. 너는 엄마 아빠의 사랑스런 씨앗이지만 지금껏 세상에 살아남은 모든 사람들의 소망이 영글어 있는 소중한 열매이기도 해. 그래서 우리는 외롭지 않단다. 씨앗에서 씨앗으로 이어진 수억만 년의 사랑이 우리를 지켜 주고 있으니까. 그렇게 온 세상이 너를 축복한단다.

아가에게

●

“반짝반짝 작은 별 아름답게 비치네.”
아가, 〈작은 별〉 노래는 세상 모든 엄마들이 아기들에게
가장 많이 불러주는 노래가 아닐까. 엄마는 이 노래를 부르면서
네가 태어날 즈음 별자리를 그려 본단다. 덕분에 엄마와 아빠의 별자리도
찾아보았어. 그리고 네가 태어나 엄마 아빠와 함께
밤하늘의 별을 바라볼 날도 꿈꿔 본단다.
맨 처음 네 눈동자 속에서 반짝이게 될 별은 어떤 이름을 가진 별일까.
엄마는 하늘의 별을 보고 나서 네 까만 눈동자 속에서 그 별을 다시
보겠지. 생각만으로도 가슴이 콩닥콩닥 뛰는구나.
아가야, 사람들은 자기 별자리를 통해 미래를 가늠해 보길 좋아한단다.
옛날부터 사람들은 하늘에 별이 박혀 있는 모양을 보고 여러 가지 이름을
붙여 놓았지. 하지만 엄마와 네가 별과 별을 이어 새로운 그림을 그릴
수도 있을 거야.
어떤 이름이든 엄마는 네가 세상에 태어난 날, 밤하늘에서 가장 빛나던
별이 살아가는 동안 너의 길잡이가 될 거라 믿는다. 사방이 온통
모래언덕뿐인 곳에서도 사람들이 길을 잃지 않고
앞으로 나아갈 수 있게 해 주는 사막의 별들처럼 말이야.
캄캄한 밤하늘을 아름답게 수놓는 별처럼, 너도 세상의 어둠과
슬픔을 반짝이는 기쁨으로 비추일 사람이 될 거라고,
오늘도 별들이 속삭인단다.

우리는 모두 별들의
부스러기입니다

별을 보시나요? 별 볼 일 없이 지내신다면 이제부터라도 별을 자주 만나세요. "별을 노래하는 마음으로 모든 죽어 가는 것을 사랑해야지." 하던 시인의 말보다 좋은 태교의 마음가짐은 따로 없을 거예요.

흔히들 도시의 밤하늘은 매연과 휘황찬란한 전깃불 때문에 별을 보기 힘들다고 생각하지요. 하지만 먹구름 가득한 날만 아니라면 우리는 언제든 별을 볼 수 있답니다. 설령 구름 뒤에 숨은 별빛을 제대로 찾지 못한다 해도 괜찮아요. 우리를 비추는 태양이나 달도, 또 우리가 사는 지구도 분명 별이니까요. 별이 없다면 우리도 없다는 생각으로 별을 바라보면 우주와 내가 소통하고 있다는 느낌이 들 거예요.

“우리는 모두가 똑같은 별들의 부스러기입니다.” 천문학자들은 말합니다. 100억만 년 전 빅뱅이라는 대폭발로부터 우주가 태어난 그 순간 함께 태어난 수많은 별들의 부스러기에서 사람의 몸을 구성하는 물질들이 만들어졌다는 뜻이지요. 우리의 피와 살과 뼈를 만든 원소들과 별들의 부스러기는 화학적으로 같다고 해요.

서로 처지와 조건이 다른, 또 전혀 다른 생각을 가진 사람도 모두 똑같은 별 부스러기로 만들어졌다고 생각해 보세요. 세상이 훨씬 평화로워지지 않을까요. 우리는 모두 별과 같다! 밤하늘의 반짝이는 별들을 보면서 엄마와 아기가 한 몸인 것처럼 세상 사람 모두가 소중한 별이라고 생각하면 기분이 좋아질 거예요.

세계 인구가 70억 명에 가까워졌다고 해요. 정말 별처럼 많은 숫자지요. 실제 하늘의 별들은 얼마나 될까요. 우리가 사는 우주의 테두리를 우주의 지평선이라 부르는데 그곳에만 1조×1조 개의 별들이 있대요. 그중에서 눈으로 헤아릴 수 있는 별이 약 5,600개 정도랍니다. 그 가운데 우리가 이름을 붙인 별자리는 88개랍니다. 당신이 이름을 알고 하늘에서 직접 찾아낼 수 있는 별은 또 얼마나 되나요?

이제 아기가 태어날 예정일 즈음의 별자리부터 차근차근 찾아보세요. 아기 별자리, 엄마 아빠의 별자리… 그렇게 별들의 이름을 알아 가면 어렵지 않을 거예요. 별로 운명을 점치는 점성술이 아니라도 아기가 태어날 순간, 우리가 사는 지구가 은하계의 어느 별자리를 마주 바라보았는지 기억하는 것은 분명 의미 있는 일입니다. 별을 보고 아기 예수를 찾아갔던 동방박사들처럼, 당신의 아기가 태어난 순간에도 그 날 하늘에 머문 별들로부터 축복의 메시지가 내려올 테니까요. 우리는 모두 별과 한 몸이니까요.

"반짝반짝 작은 별 아름답게 비치네." 아가, 〈작은 별〉 노래는 세상 모든 엄마들이 아기들에게 가장 많이 불러주는 노래가 아닐까. 엄마는 이 노래를 부르면서 네가 태어날 즈음 별자리를 그려 본단다. 덕분에 엄마와 아빠의 별자리도 찾아보았어. 그리고 네가 태어나 엄마 아빠와 함께 밤하늘의 별을 바라볼 날도 꿈꿔 본단다. 맨 처음 네 눈동자 속에서 반짝이게 될 별은 어떤 이름을 가진 별일까. 엄마는 하늘의 별을 보고 나서 네 까만 눈동자 속에서 그 별을 다시 보겠지. 생각만으로도 가슴이 콩닥콩닥 뛰는구나. 아가야. 사람들은 자기 별자리를 통해 미래를 가늠해 보길 좋아한단다. 옛날부터 사람들은 하늘에 별이 박혀 있는 모양을 보고 여러 가지 이름을 붙여 놓았지. 하지만 엄마와 네가 별과 별을 이어 새로운 그림을 그릴 수도 있을 거야. 어떤 이름이든 엄마는 네가 세상에 태어난 날, 밤하늘에서 가장 빛나던 별이 살아가는 동안 너의 길잡이가 될 거라 믿는다. 사방이 온통 모래언덕뿐인 곳에서도 사람들이 길을 잃지 않고 앞으로 나아갈 수 있게 해 주는 사막의 별들처럼 말이야. 캄캄한 밤하늘을 아름답게 수놓는 별처럼, 너도 세상의 어둠과 슬픔을 반짝이는 기쁨으로 비추일 사람이 될 거라고. 오늘도 별들이 속삭인단다.

아가에게

●

아가, 엄마 몸이 가벼워져 가슴을 활짝 펴게 될 때,
또는 한 겹 한 겹 옷을 껴입으며 몸을 움츠릴 때 바깥세상이 어떻게
변하는지 궁금하지 않니? 너는 아기집을 가득 채운 따뜻한 물속에서
발가숭이로 헤엄치지만 엄마는 철따라 옷을 갈아입는단다. 그리고 날마다
숨결이 다른 바람을 만나지. 세상은 그렇게 봄에서 여름으로 가을에서
겨울로 계절이 바뀌면서 한 해가 흘러간단다. 너는 엄마와 함께
그 시간들을 느끼게 될 거야.
그런데 또 다른 사계절도 있단다. 네가 태어나 생명의 싹을 틔우는 것도
찬란한 봄이란다. 아기가 세상에 오는 날이 인생에서는 진짜 봄이지.
네가 봄이라면 어린 싹이 자라 줄기를 살찌우고 무성한 초록 잎 사이사이
꽃을 피우는 청춘의 여름도 올 거야. 또 엄마와 아빠처럼 가정을 꾸려
열매를 맺고 갈무리를 하는 가을, 언젠가는 잎을 다 떨구고 새로 태어날
봄을 위해 몸을 비우는 겨울도 이어진단다. 아직 네게는
너무 아득하고 먼 이야기이지.
그래도 내일이면 어김없이 새로운 태양이 떠오르듯, 한 사람의 인생에
봄 여름 가을 겨울이 다 지나가도 그것으로 끝이 아니란 걸 기억하렴.
네가 우리에게 온 것처럼 다시 새로운 봄이 시작될 거야.
아가, 너는 엄마 아빠 인생에 다시 찾아 온 봄이란다. 너로 인해 봄볕
아래 환해지는 세상처럼 모든 것이 반짝반짝 윤이 난단다.
너는 스스로 '새 봄'이면서 엄마와 아빠에게는 '부활하는 봄'이란다.

봄은
돌봄입니다

봄은 언제일까요.

절기로는 입춘에서부터 하지까지 그리고 천문학의 봄은 춘분부터 하지 전까지라고

해요. 과학자들은 지구가 공전하면서 태양의 고도가 달라지는 것으로 계절을 구분하

니까요.

그런데 왜 하필 봄일까요. 따스한 햇살의 기운이 땅속 깊은 곳까지 뻗쳐 씨앗을 깨우

는 것을 보면 봄이란 말이 태양으로부터 왔다는 국어학자들의 설명에 고개를 끄덕이

게 돼요. 봄은 '볻'에서 볼→볼옴→보옴→봄이 되었다네요. '볻'이 곧 태양을 뜻하는

'볕'과 같은 말 뿌리를 가지고 있다고 해요. 한자의 춘春 자 역시 햇볕을 받아 풀이 돋

아나는 모양으로 만들어진 거래요.

하지만 그 봄을 알아차리고 믿게 되려면 아무래도 우리가 눈으로 직접 보아야 하는 거

지요. 겨우내 메마른 가지에 봄물이 올라 탱탱해진 나무들의 몸피, 전령처럼 먼저 불

을 밝히는 생강나무와 산수유나무의 터질 듯 노란 꽃망울 그리고 검은 대지 위에 파릇파릇 돋아나는 연둣빛 새순들 그 사이로 피어오르는 아지랑이들까지. 아무리 날이 따뜻하더라도 눈앞에 펼쳐진 세상이 변하는 모습을 보지 못한다면 진정 봄을 느끼기는 어려울 거예요. 봄에 우리가 보는 것들은 모두 새롭지요. 새순, 새싹, 새잎이 돋아나는 것처럼 당신에겐 새 생명이 찾아옵니다. 아기가 봄이 아닌 여름과 가을, 겨울에 태어나더라도 그 순간이 엄마와 아빠 인생의 봄날인 것을 달리 설명할 필요는 없겠지요.

우리는 아기를 통해 새 봄을 맞으면서 우리가 보는 것들을 잘 돌보기 시작해야 합니다. 그래서 봄은 새 생명의 '돌봄'이기도 합니다. 소중한 아기를 돌보는 부모의 마음가짐은 우리를 다시 태어나게 합니다. 물 한 모금, 밥 한 술도 내 입보다 먼저 아기 목구멍으로 넘어가야 흐뭇해지게 되지요. 우리가 세상에 태어나 이렇게 이타적인 인간이었던 적이 있었을까요? 심지어 어떤 어르신은 아기가 이 세상에 태어날 때 하늘이 내려 준 사명을 '부모 사람 만들기'라고 말씀하십니다. 공감하시나요, 지금 내 배 속의 아기가 엄마를 제대로 사람 만들기 위해 태어난다는 것을. 그분은 또 "우리 아이들 누구에게나 다 하늘이 준 싹이 있어요. 교육은 이처럼 자신의 타고난 가능성으로 각자 자신의 꽃을 마음껏 피울 수 있도록 가르치고 돕는 것"*이란 이야기도 하셨습니다.

아기가 세상에 싹을 틔우는 봄날, 그 순간의 경이로움, 고마움, 축복 그리고 온전히 믿고 사랑하는 그 첫 마음을 기억하세요. 아이가 커 가는 동안 당신이 만나게 될 고비마다 다시 떠올려 보세요. 그때마다 가슴 속으로 환한 봄볕이 비춰 들어 당신을 위로하고 응원할 겁니다. 봄은 생명을 솟아오르게 하는 에너지로부터 비롯되니까요.

봄

아가, 엄마 몸이 가벼워져 가슴을 활짝 펴게 될 때, 또는 한 겹 한 겹 옷을 꺼입으며 몸을 움츠릴 때 바깥세상이 어떻게 변하는지 궁금하지 않니? 너는 아기집을 가득 채운 따뜻한 물속에서 발가숭이로 헤엄치지만 엄마는 철따라 옷을 갈아입는단다. 그리고 날마다 숨결이 다른 바람을 만나지. 세상은 그렇게 봄에서 여름으로 가을에서 겨울로 계절이 바뀌면서 한 해가 흘러간단다. 너는 엄마와 함께 그 시간들을 느끼게 될 거야. 그런데 또 다른 사계절도 있단다. 네가 태어나 생명의 싹을 틔우는 것도 찬란한 봄이란다. 아기가 세상에 오는 날이 인생에서는 진짜 봄이지. 네가 봄이라면 어린 싹이 자라 줄기를 살찌우고 무성한 초록 잎 사이사이 꽃을 피우는 청춘의 여름도 올 거야. 또 엄마와 아빠처럼 가정을 꾸려 열매를 맺고 갈무리를 하는 가을. 언젠가는 잎을 다 떨구고 새로 태어날 봄을 위해 몸을 비우는 겨울도 이어진단다. 아직 네게는 너무 아득하고 먼 이야기이지. 그래도 내일이면 어김없이 새로운 태양이 떠오르듯, 한 사람의 인생에 봄 여름 가을 겨울이 다 지나가도 그것으로 끝이 아니란 걸 기억하렴. 네가 우리에게 온 것처럼 다시 새로운 봄이 시작될 거야. 아가, 너는 엄마 아빠 인생에 다시 찾아 온 봄이란다. 너로 인해 봄볕 아래 환해지는 세상처럼 모든 것이 반짝반짝 윤이 난단다. 너는 스스로 새 봄이면서 엄마와 아빠에게는 부활하는 봄이란다.

아가에게

●

아가, 너는 지금 어떤 느낌일까.

엄마와 이어진 탯줄 하나 믿고서 엄마 배 속을 둥둥 떠다니고 있을

너를 상상해 본단다. 물속이 참 따뜻하고 포근할 거라는데,

엄마도 너처럼 아기였을 때가 있었는데 통 기억이 나질 않는구나.

그래도 우리가 늘 바다를 그리워하는 것은 물속에서 살던

기억 때문일 거야. 양수 속에 깃든 네 모습을 상상하면서

멀고 먼 옛날 우리 조상도 바다에서 태어났다는 전설 같은 이야기에

이제야 고개를 끄덕이게 되는구나.

우리가 바다에서 왔다는 것은 고래를 보면 알 수 있단다.

고래와 우리는 아주 가까운 친척이거든. 고래는 사람들이 아기를

낳는 것처럼 새끼를 낳아 젖을 먹여 기른단다. 물고기들이 알을 낳는

것과는 사뭇 다르지.

아가야, 엄마 몸속에 샘물처럼 솟아난 물이 어느 순간 네가

헤엄칠 수 있는 작은 바다가 되었다고 생각하니 참 신기하구나.

엄마의 바다, 이렇게 불러만 보아도 기분이 참 좋아지는 말이야.

그래서 엄마는 자랑하고 싶단다.

"보세요. 공처럼 부풀어 오른 제 배 속에 바다가 있어요.

우리 아기가 고래처럼 헤엄치고 있어요. 제 몸 안에 물의

나라가 있거든요."

물 한 모금도
사랑과 감사의
마음을 담아

깊은 산 속 옹달샘에서 솟아난 샘물을 마셔 본 적 있으세요? '새벽에 토끼가 눈 비비고 일어나 세수하러 왔다가 물만 먹고 간' 그런 물 말이에요. 그 물은 두 손을 모아 손바닥으로 떠 먹어야 제 맛이지요. 차고 맑은 샘물이 꿀처럼 달게 느껴지는 건 그 속에 보이지 않는 생명들이 살아 숨 쉬고 있기 때문 아닐까요?

당신 몸 안에서 솟아난 양수도 생명의 옹달샘이지요. 우리는 모두 그 물을 먹고 자랐으니까요. 사실 "우리는 물이다!"라고 해도 틀린 말이 아니에요. 심지어 아기는 수정란 상태일 때 99%가 물로 이루어져 있다고 하지요. 그러니 아직 배 속에 있는 아기를 직접 느껴 보고 싶다면 생명이 살아 있는 물을 만나 보세요. 깊은 산 속 옹달샘을 찾기 어렵다면 야트막한 시냇물에라도 직접 손과 발을 담가 보세요. 송사리가 헤엄치고 물풀이 숨을 쉬는 냇물이 손가락 발가락 사이로 흘러가는 것을 느끼며 아기에게 말해 보세요. "아가, 우리는 모두 물이란다!"

그런데 우리를 만드는 게 물이라면, 어떤 물을 마셔야 할까 고민해야겠지요. 오래 전 《물은 답을 알고 있다》는 책이 인기를 끈 적이 있습니다. 물에게 사랑한다고 말하면 아름다운 육각수의 결정이 나타나고 반대로 나쁜 말이나 미움의 감정을 보이면 물 입자도 일그러진다는 사실을 현미경 사진으로 보여 주던 책이었어요. 하와이인들 사이에 전해지는 비밀의 치유법이라 불리는《호오포노포노의 지혜》에서도 몸과 마음을 정화시켜 주는 '블루솔라워터'를 마시라고 합니다. 아무 물이나 파란색 유리병에 넣어 햇빛을 한 시간 정도 쬐어 주기만 해도 우리 몸을 깨끗하게 만드는 물이 만들어진다고 하네요. 단 온 세상을 정화시키는 마법의 주문 "사랑합니다, 미안합니다, 고맙습니다"라는 말과 함께 물을 마시라고 하지요. 사실 그런 마음으로 마시는 물이 어떻게 달지 않을 수 있겠어요.

엄마가 되고부터 당신도 좋은 물을 고르는 데 신경을 많이 쓰실 거예요. 세계의 유명 생수들이 비싼 값에도 불구하고 육아용품으로 불티나게 팔리고 있는 것만 보아도 알 수 있어요. 하지만 생수는 만들어지는 과정에서부터 플라스틱 병에 든 채 먼 거리를 이동해 오기까지 엄청난 화석 에너지를 소비하며 지구 환경을 파괴하는 주범이라는 사실, 우리가 기억해야 할 불편한 진실이기도 합니다.

그래서 아기를 위해 어떤 물을 마실까 고민할 때, 가격이나 성분보다 물에 어떤 마음을 담을까부터 먼저 고민하면 좋겠습니다. 정화수를 떠 놓고 치성을 드리던 옛날의 어머니들처럼, 물 한 모금도 사랑과 감사의 마음을 담아 마셔 보세요. 하나뿐인 우리 아기를 위해, 또 역시 하나뿐이며 우리 아기가 살아갈 집인 지구를 위해.

아가, 너는 지금 어떤 느낌일까. 엄마 배와 이어진 탯줄 하나 믿고서 엄마 배 속을 둥둥 떠다니고 있을 너를 상상해 본
단다. 물속이 참 따뜻하고 포근할 거라는데, 엄마도 너처럼 아기였을 때가 있었는데 통 기억이 나질 않는구나. 그래도
우리가 늘 바다를 그리워하는 것은 물속에서 살던 기억 때문일 거야. 양수 속에 깃든 네 모습을 상상하면서 멀고 먼 옛
날 우리 조상도 바다에서 태어났다는 전설 같은 이야기에 이제야 고개를 끄덕이게 되는구나. 우리가 바다에서 왔다는
것은 고래를 보면 알 수 있단다. 고래와 우리는 아주 가까운 친척이거든. 고래는 사람들이 아기를 낳는 것처럼 새끼를
낳아 젖을 먹여 기른단다. 물고기들이 알을 낳는 것과는 사뭇 다르지. 아가야, 엄마 몸속에 샘물처럼 솟아난 물이 어느
순간 네가 헤엄칠 수 있는 작은 바다가 되었다고 생각하니 참 신기하구나. 엄마의 바다, 이렇게 불러만 보아도 기분이
참 좋아지는 말이야. 그래서 엄마는 자랑하고 싶단다. "보세요. 공처럼 부풀어 오른 제 배 속에 바다가 있어요. 우리 아
기가 고래처럼 헤엄치고 있어요. 제 몸 안에 물의 나라가 있거든요."

아가에게

●

아가, 엄마 배 속은 캄캄한 어둠이지.

너는 두 눈을 꼭 감은 채 꿈을 꾸는 것처럼 엄마 이야기를 듣고 있겠구나.

그래, 아직 눈을 뜨지 않았지만 엄마가 보는 세상을 너도 느끼고

있을 거야. 엄마의 눈이 너의 해맑은 눈동자를 대신해 줄 날이

그리 길지는 않을 거야. 그래서 엄마는 너와 한 몸이 되어 있는

이 순간만이라도 좋은 것만 보려고 애쓴단다.

물론 이 세상에 밝고 환하고 예쁜 것들만 있는 것은 아니야.

빛이 있는 곳에는 항상 그림자가 있으니까. 그렇지만 그늘진 응달이

있으니까 우리는 밝고 따뜻한 세상의 고마움도 아는 거란다.

네가 캄캄한 자궁 속 어두운 방 안에서 생겨났듯이 세상의 모든 불빛은

칠흑 같은 암흑 속에서 태어났단다.

아가, 궁금하지 않니? 우주의 어둠을 밝혀 준 것이 무엇일까?

세상을 환하게 밝힌 빛은 어디에서 어떻게 왔을까. 네가 엄마 배 속에서

나와 처음 만나게 되는 눈부신 빛은 과연 무엇일까?

우리에게 빛을 가져다 준 최초의 불씨 그리고 불씨에서 피어난 뜨거운

불꽃을 상상해 보자구나.

엄마는 너를 위해 촛불 한 자루 밝혀 두고 두 손을 모은다. 촛불이

스스로를 태워 어둠을 몰아내는 것처럼 우리의 낮을 환하게 밝히는

태양도 쉼 없이 타오르는 거대한 불덩어리라는구나.

그 불이 우리를 빛나게 하고 또 살아 있게 한단다.

당신은 생명의 불씨를
이어 가고 있습니다

흔히들 생명의 불씨라는 말을 즐겨 하지요. 마치 불이 꺼지면 생명도 사라지는 것처럼. 불을 만드는 것을 "피운다" 말하는 것도 같은 이유 아닐까요. 꽃봉오리가 활짝 벌어지는 것을 '꽃이 핀다'고 하는 것처럼 불씨에 산소를 불어 넣어 불꽃이 활활 타오르게 하는 것을 '불을 피운다' 하니까요. 이글거리는 불꽃이 춤을 추듯 하늘로 솟구치는 모습은 생명이 뜨겁게 일어서는 것을 떠오르게 합니다.

불은 어떻게 우리에게 왔을까요. 그리스 신화에서는 프로메테우스가 신들의 불을 훔쳐 와 인간에게 선물로 주었다고 하지요. 우리 조상들은 단군의 셋째 아들 부소가 부싯돌을 만들어 직접 불을 피웠다고 전합니다. 부싯돌이 바로 부소의 돌이란 뜻의 부소석夫蘇石이 변한 말이라네요. 모든 신화는 불 속에 신의 기운을 담은 힘이 있다는 이야기를 하고 싶은 거겠죠. 날쌔고 사나운 맹수나 하늘을 나는 날짐승들로부터 나약한 인간을 보호하고 거친 대자연을 개척해 나갈 수 있는 위대한 힘이 불로부터 나왔으니까요. 그래서 우리 조상들은 살아남기 위해 불씨를 소중히 다루고 지켜야 했습니다. 특히 우리 할머니들은 집안의 불씨를 꺼뜨리지 않고 후손에게 전하는 일로 가통家統을 잇는다고 생각했습니다. 옛날에는 이사할 때 옛집에서 쓰던 연탄불을 그대로 옮기기도 했답니다. 그 전통이 남아서 새로 이사한 집에 성냥이나 초를 선물해 불꽃처럼 집안이 일어나라고 축원하게 된 거래요.

이제 아궁이는 가스레인지와 보일러로, 호롱불이나 촛불은 환한 전깃불로 바뀌었지요. 편리해진 만큼 불씨를 대하는 우리의 마음도 소홀해졌습니다. 대신 우리는 배 속 아기를 통해 소중한 생명의 불씨를 이어 가고 있습니다.

그런데 우리 아기가 세상에서 처음 만날 불빛은 대부분 분만실의 인공 불빛입니다. 물론 그 불빛 역시 인간이 손에 넣은 최초의 불씨가 거듭 진화해 온 결과입니다. 태양의 불꽃이 지구에 도달해 수억만 년 동안 다른 모습으로 변화된 형태일 테니 근본이 다르지는 않을 겁니다. 그래도 당신 아기를 위한 특별한 촛불 하나쯤은 꼭 준비해 주세요. 아기가 태어나기 전에도 가끔은 집안의 전깃불을 모두 끄고서 촛불 하나에 의지해 어둠 속에서 조금씩 동공을 열어 보는 일에 익숙해져 보세요. 천천히 또 고요하게 어둠과 친구가 되는 경험을 통해 아기가 엄마 배 속에서 보내는 시간들을 같이 음미해 보는 것은 정말 멋진 일입니다. 촛불의 불꽃은 우리의 영혼을 깨어 있게 하고, 마음을 정화시켜 주는 놀라운 힘이 있으니까요.

끝으로 "인간이 보다 좋은 인간의 싹이며 노랗고 무거운 불꽃이 희고 가벼운 불꽃의 싹인 것과 같이 세계는 보다 나은 세계의 싹이다."라는 가스똥 바슐라르의 말을 전합니다. 보다 나은 세계의 싹인, 새로운 생명의 불씨를 품고 있는 귀한 당신께.

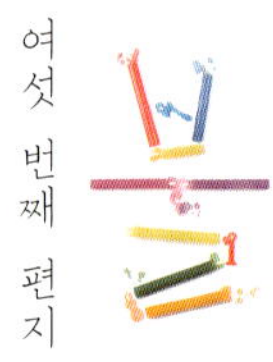

아가, 엄마 배 속은 캄캄한 어둠이지. 너는 두 눈을 꼭 감은 채 꿈을 꾸는 것처럼 엄마 이야기를 듣고 있겠구나. 그래, 아직 눈을 뜨지 않았지만 엄마가 보는 세상을 너도 느끼고 있을 거야. 엄마의 눈이 너의 해맑은 눈동자를 대신해 줄 날이 그리 길지는 않을 거야. 그래서 엄마는 너와 한 몸이 되어 있는 이 순간만이라도 좋은 것만 보려고 애쓴단다. 물론 이 세상에 밝고 환하고 예쁜 것들만 있는 것은 아니야. 빛이 있는 곳에는 항상 그림자가 있으니까. 그렇지만 그늘진 응달이 있으니까 우리는 밝고 따뜻한 세상의 고마움도 아는 거란다. 네가 캄캄한 자궁 속 어두운 방 안에서 생겨났듯이 세상의 모든 불빛은 칠흑 같은 암흑 속에서 태어났단다. 아가, 궁금하지 않니? 우주의 어둠을 밝혀 준 것이 무엇일까? 세상을 환하게 밝힌 빛은 어디에서 어떻게 왔을까. 네가 엄마 배 속에서 나와 처음 만나게 되는 눈부신 빛은 과연 무엇일까? 우리에게 빛을 가져다 준 최초의 불씨 그리고 불씨에서 피어난 뜨거운 불꽃을 상상해 보자꾸나. 엄마는 너를 위해 촛불 한 자루 밝혀 두고 두 손을 모은다. 촛불이 스스로를 태워 어둠을 몰아내는 것처럼 우리의 낮을 환하게 밝히는 태양도 쉼 없이 타오르는 거대한 불덩어리라는구나. 그 불이 우리를 빛나게 하고 또 살아 있게 한단다.

아가에게

●

아가, 엄마가 발을 딛고 서 있는 곳은 땅이란다.

땅은 지구를 둘러싸고 있는 두터운 껍질 같은 거야.

땅에는 커다란 바위도 있고, 단단한 돌멩이도 있고, 부드러운 흙도 있단다.

흙은 가루처럼 작은 알갱이인데 땅을 만드는 살과 같은 거란다.

단단한 바위를 바람과 비가 쓸어 내려 부드러운 흙으로 만들었지.

그렇게 포슬포슬 흙이 부드러워야 씨앗의 여린 싹들이 고개를 내밀 수

있고 뿌리도 마음껏 뻗을 수 있단다. 그래서 농부들은 꼭 엄마 품처럼

부드러워야 좋은 흙이라 생각하지.

아가, 세상 모든 생명이 태어나 자라고 다시 그 품으로 돌아가는 곳이

바로 흙이란다. 그래서 우리는 모두 흙을 고향이라 생각하지.

엄마는 오늘 우리 아가가 태어날 땅의 흙에 입을 맞추며 기도하고 싶단다.

너를 맞아 줄 세상 모든 생명을 길러 내 준 고마운 흙.

그곳이 너의 고향이고 엄마와 아빠의 고향, 할머니와 할아버지의 고향

그리고 풀과 꽃과 나무들의 고향, 이 세상 모든 친구들의 고향이란다.

지금 네가 숨 쉬고 있는 엄마 배 속의 아기집 같은

고향의 흙냄새가 참 구수하고 향기롭구나.

우리 아기는 이 흙 속에 어떤 씨앗을 심고 가꾸어서

얼마나 고운 빛깔로 세상을 꽃 피우게 할까.

흙을 닮은
엄마가 되어요

흙장난을 마지막으로 해 본 게 언제인가요? 흙바닥에 금을 긋고 땅따먹기, 사방치기를 하고, 널따란 마당을 스케치북 삼아 나무 작대기 하나로 좋아하는 친구 얼굴을 그리고 이름도 몰래 써 보고는 누가 볼세라 얼른 손바닥으로 뭉개 버리곤 했죠. 또 손톱 밑이 까매지도록 흙을 긁어모아 토닥토닥 두꺼비집을 짓기도 하고요. 참 그립네요. 등 뒤로 뉘엿뉘엿 해가 지도록 흠뻑 놀이에만 빠져 있던 유년의 오후, 흙이 있는 마당.

그리고 안타깝네요. 어른들의 어린 시절과 달리 우리 아이들은 좀처럼 흙을 만나기가 쉽지 않으니까요. 아스팔트와 보도블록, 시멘트 포장길… 신발에 흙이 묻지 않아야 깨끗하고 좋은 것이라는 생각에 땅이 숨을 쉬기 힘들 정도로 구석구석 골목 고샅까지 참 많이도 덮어 버렸지요. 학교 운동장에도 인조 잔디가 깔리고 우리 아이들은 겨우 놀이터에 뿌려 놓은 알갱이 굵은 마사토로 만족해야 하는 세상이 되었으니까요.

오늘 아기를 위해 흙을 밟아 보는 건 어떨까요? 마당이 있다면 좋겠지만 대부분 흙을 만나려면 좀 걸어 나가야겠지요. 아마도 도심에선 아스팔트가 덮지 못한 곳을 찾으려면 숲으로 들어가야 할 거예요. 하지만 숲도 풀과 나뭇잎을 이불처럼 뒤집어쓰고 있어서 맨흙을 만나려면 그것들을 살포시 걷어 내야 하지요. 낙엽 더미 아래는 서늘하고 축축한 흙이 나오겠네요. 만일 그 흙이 초콜릿처럼 검은 빛이 돈다면 좋은 미생물들이 와글와글 살고 있는 영양 많은 흙이랍니다. 생명체에겐 더 없이 좋은, 정말 살맛 나는 흙이죠.

그럼 신발을 한번 벗어 볼까요. 주저하지 말고 양말도 벗어 보세요. 식물의 실뿌리들처럼 당신의 발바닥에도 섬세한 촉수가 뻗어 있어요. 흙으로부터 대지의 기운을 빨아들여 배 속의 아기에게 전해 줄 수 있다고 믿으세요. 눈을 감고 아기와 함께 심호흡을 하면 더 잘 느낄 수 있을 거예요.

우리 아기와 함께 처음 흙에 대해 이야기하고 느껴 본 곳이라 생각하면 그 발밑에 있는 땅이 좀 더 특별하게 느껴지지 않나요. 그러면 한 줌 담아 가 볼까요. 물론 그 땅에 폐가 되지 않게 조금만 떠 가지고 그 자리는 흔적이 남지 않도록 잘 다듬어 주는 것도 잊지 마세요. 그 흙을 작은 화분에 담아 특별한 날을 기억하도록 날짜를 적고 좋아하는 꽃씨를 뿌려 볼까요. 아기를 위한 멋진 선물이 될 거예요. 그 흙이 길러 낸 씨앗에서 싹이 터 올라 꽃을 피울 날을 배 속의 아기와 함께 기다리는 거예요. 아기가 먼저 세상에 나오면 꽃을 동생 삼고, 꽃이 좀 더 일찍 피어 아기를 맞이한다면 누이든 언니든 아주 특별한 형제가 되겠지요. 당신은 어떤 꽃을 고르고 싶으세요?

아가, 엄마가 발을 딛고 서 있는 곳은 땅이란다. 땅은 지구를 둘러싸고 있는 두터운 껍질 같은 거야. 땅에는 커다란 바위도 있고, 단단한 돌멩이도 있고, 부드러운 흙도 있단다. 흙은 가루처럼 작은 알갱이인데 땅을 만드는 살과 같은 거란다. 단단한 바위를 바람과 비가 쓸어 내려 부드러운 흙으로 만들었지. 그렇게 포슬포슬 흙이 부드러워야 씨앗의 여린 싹들이 고개를 내밀 수 있고 뿌리도 마음껏 뻗을 수 있단다. 그래서 농부들은 꼭 엄마 품처럼 부드러워야 좋은 흙이라 생각하지. 아가, 세상 모든 생명이 태어나 자라고 다시 그 품으로 돌아가는 곳이 바로 흙이란다. 그래서 우리는 모두 흙을 고향이라 생각하지. 엄마는 오늘 우리 아가가 태어날 땅의 흙에 입을 맞추며 기도하고 싶단다. 너를 맞아 줄 세상 모든 생명을 길러 내 준 고마운 흙. 그곳이 너의 고향이고 엄마와 아빠의 고향. 할머니와 할아버지의 고향 그리고 풀과 꽃과 나무들의 고향. 이 세상 모든 친구들의 고향이란다. 지금 네가 숨 쉬고 있는 엄마 배 속의 아기집 같은 고향의 흙냄새가 참 구수하고 향기롭구나. 우리 아기는 이 흙 속에 어떤 씨앗을 심고 가꾸어서 얼마나 고운 빛깔로 세상을 꽃 피우게 할까.

아가에게

●

아가야, 실바람, 꽃바람, 솔바람, 명주바람, 산들바람, 솔솔바람…
보드랍고 순한 바람들 모두 네게 주고 싶구나. 남녘의 꽃 소식을 싣고
살랑살랑 불어올 봄바람, 메마른 땅을 촉촉이 적셔 줄 단비를 안고 오는
서늘한 바람, 가을걷이하는 농부들의 굵은 땀방울을 식혀 줄 청량한
갈바람, 첫눈을 기다리게 하는 맵고 알싸한 겨울바람…
계절마다 숨과 결이 다른 바람의 노래들도 네게 들려주고 싶단다.
아가야, 바람은 우리를 살아 숨 쉬게 하는 공기의 노래란다.
그런데 종종 바람은 성난 목소리로 변하기도 하지. 서릿바람, 황소바람,
칼바람, 된바람, 돌개바람, 회오리바람처럼 세차고 매서운 바람이 불면
눈물이 쏙 빠질 정도로 무서워 오들오들 몸을 떨기도 한단다.
걱정하지 마. 아무리 험한 비바람이 몰아치더라도 엄마는 너의 든든한
바람막이가 될 거야. 물론 지금 이 순간 아기집 속에 머물 때처럼
늘 따스하고 편안하기는 어려울지도 몰라. 그래도 아가, 엄마 품에
얼굴을 묻고서 들어 보렴. 등 뒤로 지나가는 세찬 바람의 성난 목소리보다
너를 위해 기도하는 두근두근 엄마의 심장 소리가 더 크다는 걸
알게 될 거야. 엄마가 너를 향해 불어오는 바람을 모두 다 막아주진
못한다 해도 네 손을 꼭 잡고 바람이 지나갈 때까지,
끝까지 너와 함께 견뎌 줄 거야. 엄마는 네가 곁에 있어서 바람에
흔들리는 일도 나쁘지 않아.
이 세상에 "흔들리지 않고 피는 꽃은 없다"*는 걸 믿으니까.

넘치는 곳에서 모자란 곳으로
바람처럼 그렇게

바람은 어디서 불어오는 걸까요. 바람의 길을 생각해 보신 적 있나요. 우리는 정처 없이 떠도는 자유로운 영혼을 바람에 빗대어 이야기하길 좋아하지요. 하지만 바람은 분명한 목적의식을 가지고 일관되게 흘러가는 길이 있습니다. 항상 공기의 압력이 높은 곳에서 낮은 곳으로 불어가니까요. 바람은 에너지가 넘치는 곳에서 모자란 곳을 향해 불면서 지구 전체를 고르게 만드는 역할을 하지요. 만일 그런 바람이 없다면 땅위의 강물과 바닷물이 하늘로 올라가 비나 눈으로 다시 돌아오는 거대한 순환도 멈춰 버릴 겁니다.

그래서 우리 조상들은 바람을 다스리는 신인 영등할미에게 기도를 했대요. 영등할미가 비를 몰고 와야 풍년이 온다고 믿었으니까요. 매일 새벽마다 첫 우물물을 길어다 부은 정갈한 물그릇을 살강 위에 올리던 옛사람들만큼은 못하더라도, 우리는 바람의 존재에 늘 고마워해야 하지 않을까요.

그런데 배 속에 아기가 깃들고 나면 엄마들은 바람을 조심하지요. 특히나 아기를 낳고난 다음에는 바람 때문에 탈이 나지 않을까 몸을 사리게 되니까요. 몸조리를 잘못하면 생겨난다는 산후풍에도 몸속에 바람이 든다고 표현하는 걸 보면 산모에게 바람은 아주 멀리 해야 할 것처럼 보입니다. 하지만 수유와 아기 돌보기로 꼼짝을 못하는 그 시간만큼 간절하게 바깥바람이 그리울 때도 없는 것 같아요. 나만 혼자 동굴 속에 웅크린 채 세상에 뒤처져 있는 것 같은 불안감 때문에 우울해하는 엄마들도 많으니까요. 그럴수록 햇볕과 자주 만나세요. 따스하고 환한 햇살에 몸을 맡기고 울적한 마음들도 빨래처럼 짱짱하게 말리는 거예요. 햇살보다 좋은 약은 없는 것 같아요.

그리고 산후풍에 담긴 바람의 의미를 달리 생각해 보세요. 훌륭한 엄마가 되려면 세상의 바람에 휩쓸리지는 말아야 한다는 가르침이 담겨 있지 않을까요. 백일 동안만이라도 온전히 아기와 엄마만의 시간에 눈을 맞추고, 있는 그대로의 모습으로 서로를 깊이 사랑하는 일에만 온 마음을 다하라고 엄마에게 몸단속을 시키는 것일지도 몰라요.

시간이 흐른 뒤에 다시 생각해 보세요. 태어나서 백일 동안은 엄마와 아기의 하루하루가 모두 기적 같은 일들뿐이랍니다. 그래서 백일 동안만이라도 아기를 위한 일기를 써 보는 것은 정말 좋은 일이라고 생각해요. 엄마가 아기의 작고 사소한 변화에도 얼마나 놀라고 감사했는지 기록해 두면, 나중에 모진 바람 부는 세상의 들판에 홀로 서 있다고 느껴질 때마다 그날의 기적들이 큰 힘이 될 거예요. 그리고 휘청거리는 자신에게 이야기해 주세요. 세상 모든 부모의 사랑이 내리사랑인 것처럼, 언제나 넘치는 곳에서 모자란 곳으로 흘러가는 것이 바람이라고. 자식에 대한 우리들의 마음도 꼭 그렇게 흘러가야 한다고.

아가야, 실바람, 꽃바람, 솔바람, 명주바람, 산들바람, 솔솔바람… 보드랍고 순한 바람들 모두 네게 주고 싶구나. 남녘의 꽃 소식을 싣고 살랑살랑 불어올 봄바람, 메마른 땅을 촉촉이 적셔 줄 단비를 안고 오는 서늘한 바람, 가을걷이하는 농부들의 굵은 땀방울을 식혀 줄 청량한 갈바람, 첫눈을 기다리게 하는 맵고 알싸한 겨울바람… 계절마다 숨과 결이 다른 바람의 노래들도 네게 들려주고 싶단다. 아가야, 바람은 우리를 살아 숨 쉬게 하는 공기의 노래란다. 그런데 종종 바람은 성난 목소리로 변하기도 하지. 서릿바람, 황소바람, 칼바람, 된바람, 돌개바람, 회오리바람처럼 세차고 매서운 바람이 불면 눈물이 쏙 빠질 정도로 무서워 오들오들 몸을 떨기도 한단다. 걱정하지 마. 아무리 험한 비바람이 몰아치더라도 엄마는 너의 든든한 바람막이가 될 거야. 물론 지금 이 순간 아기집 속에 머물 때처럼 늘 따스하고 편안하기는 어려울지도 몰라. 그래도 아가, 엄마 품에 얼굴을 묻고서 들어 보렴. 등 뒤로 지나가는 세찬 바람의 성난 목소리보다 너를 위해 기도하는 두근두근 엄마의 심장 소리가 더 크다는 걸 알게 될 거야. 엄마가 너를 향해 불어오는 바람을 모두 다 막아주진 못한다 해도 네 손을 꼭 잡고 바람이 지나갈 때까지, 끝까지 너와 함께 견뎌 줄 거야. 엄마는 네가 곁에 있어서 바람에 흔들리는 일도 나쁘지 않아. 이 세상에 "흔들리지 않고 피는 꽃은 없다"는 걸 믿으니까.

아가에게

●

엄마 아빠랑 나무 심으러 가자.

"무슨 나무 심을래 십리 절반 오리나무. 열의 갑절 스무나무
대낮에도 밤나무 방귀 뀌어 뽕나무 오자마자 가래나무 깔고 앉아
구기자나무 거짓 없어 참나무 그렇다고 치자나무 칼로 베어 피나무
네 편 내 편 양편나무 입 맞추어 쪽나무 너하고 나하구 살구나무…"
아가, 나무타령이란다. 말이 참 재미있지?

그런데 세상에는 노래 속에 미처 담지 못한 나무들이 훨씬 더
많이 있단다. 이 다음에 네가 처음 만나게 될 새로운 나무들마다
이렇게 노래를 만들어 보면 어떨까.

그런데 무엇보다 "이 나무 저 나무 내 밭두렁에 내 나무" 하고
끝나는 이 노래처럼 엄마도 너만을 위한 나무 한 그루 심고 싶구나.
네 나무는 처음에는 너보다 아주 작을 거야. 손바닥만 한 모종이
네 키만큼 자라려면 얼마나 오래 기다려야 할까.

하지만 나무는 어느 순간 너를 훌쩍 뛰어넘어 아름드리 큰 나무로
자랄 거야. 너는 마음껏 세상 어디든 돌아다니겠지만 나무는
그 자리에서 움직이지 않고 오로지 하늘만 바라보며 높이높이
자랄 테니까. 그리고 나무는 네가 찾아올 때마다 그늘 아래 너를
쉬게 할 거야. 엄마도 나무처럼 그렇게 언제나 같은 자리에서
너를 지켜보고 있을 거야.

'아기 나무'를
만들어 보세요

우리 조상들은 아들을 낳으면 소나무나 잣나무를 심고 딸을 낳으면 오동나무를 심었다고 하지요. 소나무나 잣나무는 사내아이와 평생을 같이해서 그가 죽을 때 베어 관으로 쓰도록 했고, 오동나무는 딸 아이 시집보낼 때 장을 짜 보냈다고 합니다.

오동나무의 결이 엄마 품처럼 부드러워서 시집간 딸이 친정 생각날 때마다 장을 쓰다듬으며 허전한 마음을 달랬다는 이야기도 있네요. 딸이 친정 생각이 가장 많이 날 때가 바로 엄마가 되는 지금 이 순간 아닐까요? 문득 오동나무로 만든 반닫이는 아니라도 가볍고 보드라운 결의 작은 나무 상자라도 하나 있으면 좋겠다는 생각이 들었어요. 태어날 아기의 추억들을 담아 간직할 보물 상자로 쓰면 좋을 테니까요. 아기 모습을 확인한 초음파 사진부터 태어난 순간 처음 팔목에 두른 이름표 팔찌, 배꼽이 떨어진 탯줄, 처음 자른 머리카락과 손톱 발톱, 배냇저고리…. 아기에게 처음이라고 기억될 자잘한 물건들을 소중하게 간직했다가 훗날 어른이 되었을 때 건네줄 수 있는 꾸러미를 만들어 보는 거예요. 아, 당신이 아기에게 읽어 줄 이 책도 그곳에 간직해 주면 정말 좋겠네요.

하지만 오동나무 상자보다 좋은 건 아기를 위해 세상 어딘가 진짜 나무 한 그루를 정성

껏 심는 것이겠죠. 물론 우리 살림살이가 오동나무든, 소나무든 나무 한 그루 변변히 심

을 땅 한 떼기 가지고 살기 어렵다는 거 잘 알아요. 하지만 그렇게 어려운 일만도 아닐

거예요. 숲에서 주운 도토리 열매를 화분 속에 묻어 두었더니 이듬해 봄 상수리나무 싹

이 돋아난 걸 본 적이 있어요. 또 친정 엄마가 외국에 있는 조카 먹이려고 가을 내내 은

행 알을 열심히 주워서 부쳤는데, 동생이 그걸 땅에 심어 은행나무로 길러 낸 것도 보았

어요. 신기하죠. 도토리 심어 도토리나무가 자라고 은행 심어 은행나무가 자란다는 것

은 너무도 당연한 일인데도, 우리는 그런 시도조차 해 볼 생각을 안 해 봤으니까요. 나

무가 길러 낸 열매들을 맛나게 먹을 줄만 알았지 본래 그것이 나무의 자식이고, 씨앗이

었다는 사실을 까맣게 잊고 지낸다는 게 나무로서는 서글픈 일이 아닐까 싶네요.

그런데 나무가 맛난 열매를 만드는 데는 자식을 멀리 떠나보내려는 어미의 치밀한 계

산이 담겨 있다고 합니다. 어미 그늘 밑에 떨어진 씨앗들은 햇빛을 충분히 받지 못해

제대로 자랄 수가 없기 때문이래요. 그래서 동물들이 좋아하는 열매로 씨앗을 감싸서,

부모로부터 멀리멀리 데려가 주길 바라는 거지요. 자식을 품 안에만 가두어서는 안 된

다고 나무로부터 배우게 됩니다.

아기를 위해 도토리나 밤 같은 열매 씨앗을 화분에 한번 심어 보세요. 작은 화분에서 난

싹을 어린 나무로 기르는 동안 아기도 무럭무럭 자랄 테지요. 그때 아이 손을 잡고서 너

른 땅을 찾아가 작은 나무를 옮겨 심을 수 있다면 얼마나 멋진 일일까요. 세상 어딘가에

우리 아기를 응원할 나무 한 그루 꿋꿋하게 버티고 서 있다면, 참 행복할 거예요.

나무

엄마 아빠랑 나무 심으러 가자. "무슨 나무 심을래 십리 절반 오리나무. 열의 갑절 스무나무 대낮에도 밤나무 방귀 뀌어 뽕나무 오자마자 가래나무 깔고 앉아 구기자나무 거짓 없어 참나무 그렇다고 치자나무 칼로 베어 피나무 네 편 내 편 양편나무 입 맞추어 쪽나무 너하고 나하구 살구나무…" 아가, 나무타령이란다. 말이 참 재미있지? 그런데 세상에는 노래 속에 미처 담지 못한 나무들이 훨씬 더 많이 있단다. 이 다음에 네가 처음 만나게 될 새로운 나무들마다 이렇게 노래를 만들어 보면 어떨까. 그런데 무엇보다 "이 나무 저 나무 내 밭두렁에 내 나무" 하고 끝나는 이 노래처럼 엄마도 너만을 위한 나무 한 그루 심고 싶구나. 네 나무는 처음에는 너보다 아주 작을 거야. 손바닥만 한 모종이 네 키만큼 자라려면 얼마나 오래 기다려야 할까. 하지만 나무는 어느 순간 너를 훌쩍 뛰어넘어 아름드리 큰 나무로 자랄 거야. 너는 마음껏 세상 어디든 돌아다니겠지만 나무는 그 자리에서 움직이지 않고 오로지 하늘만 바라보며 높이높이 자랄 테니까. 그리고 나무는 네가 찾아올 때마다 그늘 아래 너를 쉬게 할 거야. 엄마도 나무처럼 그렇게 언제나 같은 자리에서 너를 지켜보고 있을 거야.

아가에게

●

아가, 엄마 목소리가 들리니? 자고 있니? 아기들은 배 속에서
지내는 동안 대부분 잠을 자고 있다더구나. 어른들은 잠이 보약이라는
말을 많이 한단다. 네가 자는 동안에도 네 몸 구석구석에서는 너를
어엿한 한 사람으로 세상 밖으로 내보내기 위한 준비가 한창이겠지.
무수히 많은 세포들이 부지런히 참 많은 일을 하고 있을 거야.
콩콩! 네 작은 발로 엄마 배를 두드릴 때도 네가 꿈을 꾸는 것일 수도
있다지. 그러면 우리 아기가 깨어나 엄마 이야기에 귀를 쫑긋 세우고
있을 때는 언제일까 정말 궁금하구나. 아가, 엄마만 알 수 있게 신호를
보내 줄 수 있니? 바로 대답해 주지 않아도 괜찮아.
엄마는 네가 자고 있어도 엄마 목소리를 자장가처럼 듣고 있을 거라고
생각해. 아마 너는 잘 때나 깨어 있을 때나 늘 엄마를 느끼고 있을 거야.
엄마가 늘 꿈속에서도 너와 함께하는 것처럼.
아가야, 네가 세상 밖으로 나오는 날은 엄마 배 속의 깊고 달콤한
잠에서 깨어나는 날이 될 거야. 세상을 향해 한껏 기지개를 켜면서
너는 우렁차게 울어 대겠지. 그때부터는 새로운 리듬에 맞추어 잠자는
법을 다시 배워야 해. 잠을 자는 동안에도 온전히 네 몫의 일들을 해 오던
배 속과 달리 세상에는 깨어 있는 동안 배우고 익혀야 할 일들이
훨씬 많아진단다.
걱정하지 마. 아주 놀랍고 행복한 일들이 너를 기다리고 있으니까.
그리고 네가 다시 잠이 들 때는 늘 엄마가 곁에서 지켜 줄 테니까.

아기는 자면서도
당신을 느낍니다

지난 밤 안녕히 주무셨어요? 요즘 늘 잠이 모자라지 않으신지요. 홑몸이 아닌 엄마에게는 잠도 두 몫이 필요한 것 같아요. 저 역시 임신하고 있는 내내 시도 때도 없이 졸음이 쏟아지곤 했어요. 그런데 어쩌죠? 엄마들은 한결같이 아기가 배 속에 있을 때가 제일 편하다는 말을 하니…. 막상 출산한 다음부터는 아기가 잠든 시간에 엄마 혼자 분주하게 해야 할 일들이 많으니까요. 그래도 너무 걱정하지 마세요. 온갖 고단한 일들일랑 아기가 곤히 잠든 모습을 바라보는 것만으로도 잊어버리기에 충분하니까요. 새근새근 잠이 든 아기 곁에서 그 작고 여린 숨소리에 귀 기울이는 동안 당신은 잠시라도 천국의 바람을 느끼게 될 거예요.

우리가 만일 80년을 산다고 하면 그중 3분의 1인 27년 가까이 잠을 자면서 보낸다고 합니다. 살아가는 동안 한 가지 일을 이렇게 오랫동안 계속하는 것이 또 있을까요? 우리는 잠을 자는 동안 몸의 피로를 풀고 새로운 에너지를 모아 놓습니다. 아이들의 키가 자라는 시간도 이때랍니다. 그래서 태아에게는 잠이 더욱 중요하답니다. 잠자는 시간에 두뇌와 함께 신체의 다른 기관들이 쑥쑥 자라나니까요. 임신 25주가 되면 아기의 뇌가 꿈을 꿀 준비를 할 만큼 성장한대요. 이때는 자면서도 엄마의 이야기에 반응할 거예요. 당신이 들려주는 이 편지들도 아기가 잠을 자는 동안 머릿속에 새로운 그림을 그려 놓겠지요.

엄마 배 속에서 스스로의 리듬대로 자고 깨어나던 아기가 세상 밖으로 나온 뒤로는 한동안 혼란스러울 겁니다. 새로운 환경에 적응하려면 아기도 힘이 들겠지요. 그때부터 엄마의 갖은 노력이 시작되지요. 자장가를 불러주고 살랑살랑 봄바람에 나부끼는 나뭇가지들처럼 아기를 안고 흔들며 얼러대겠지요. 설령 당신이 음치라 해도 노래를 부르며 행복해할 날이 멀지 않았답니다. 아기는 세상에서 당신의 목소리로 들려주는 자장가를 가장 좋아할 테니까요.

아기가 다시 혼자 잠드는 법을 배울 때까지 제법 오랜 시간이 필요할 거예요. 제 경험으로는 잠이 드는 순간 눈앞에서 엄마가 사라져 버릴 것 같다고 느끼는 아기의 불안감을 눅이는 일이 가장 중요했던 것 같아요. 제가 어린 아이였을 때도 잠이 든 다음에 반드시 아침이 찾아오고, 어제와 다를 바 없는 날들이 이어진다는 사실을 믿기까지는 밤이 참 무서웠으니까요.

하지만 아기를 어떻게 재울지 미리 고민할 필요는 없어요. 지금 이 순간은 당신의 심장 소리를 들으며 아기 스스로 잠이 들고 깨어나는 시간을 편안히 즐기시면 됩니다.

그래도 당신이 잠들기 전에 배 속 아기에게 '잘 자라!'는 인사는 잊지 마세요.

아가, 엄마 목소리가 들리니? 자고 있니? 아기들은 배 속에서 지내는 동안 대부분 잠을 자고 있다더구나. 어른들은 잠이 보약이라는 말을 많이 한단다. 네가 자는 동안에도 네 몸 구석구석에서는 너를 어엿한 한 사람으로 세상 밖으로 내보내기 위한 준비가 한창이겠지. 무수히 많은 세포들이 부지런히 참 많은 일을 하고 있을 거야. 콩콩! 네 작은 발로 엄마 배를 두드릴 때도 네가 꿈을 꾸는 것일 수도 있다지. 그러면 우리 아기가 깨어나 엄마 이야기에 귀를 쫑긋 세우고 있을 때는 언제일까 정말 궁금하구나. 아가, 엄마만 알 수 있게 신호를 보내 줄 수 있니? 바로 대답해 주지 않아도 괜찮아. 엄마는 네가 자고 있어도 엄마 목소리를 자장가처럼 듣고 있을 거라고 생각해. 아마 너는 잘 때나 깨어 있을 때나 늘 엄마를 느끼고 있을 거야. 엄마가 늘 꿈속에서도 너와 함께하는 것처럼. 아가야, 네가 세상 밖으로 나오는 날은 엄마 배 속의 깊고 달콤한 잠에서 깨어나는 날이 될 거야. 세상을 향해 한껏 기지개를 켜면서 너는 우렁차게 울어 대겠지. 그때부터는 새로운 리듬에 맞추어 잠자는 법을 다시 배워야 해. 잠을 자는 동안에도 온전히 네 몫의 일들을 해 오던 배 속과 달리 세상에는 깨어 있는 동안 배우고 익혀야 할 일들이 훨씬 많아진단다. 걱정하지 마. 아주 놀랍고 행복한 일들이 너를 기다리고 있으니까. 그리고 네가 다시 잠이 들 때는 늘 엄마가 곁에서 지켜 줄 테니까.

아가에게

●

엄마 배 속에서 너의 하루는 어떨까. 잠자고 깨어나는 일을
되풀이하는 것이 전부일까? 너는 아무 일도 안 하고 따뜻한 엄마의
작은 바다에서 둥둥 떠다니기만 하는 걸까? 그러면 엄마 아빠가 종종
일에 쫓겨 하루해가 너무 빠듯하다고 느껴지는 것처럼 바쁘고
정신없지는 않겠지.
그런데 곰곰 생각해 보니 세상에서 제일 바쁜 것은 아기들인지도
모르겠어. 세상에서 정말 중요하고 위대한 일을 하고 있으니까.
스스로 몸을 만들고 있잖니. 엄마와 아빠는 너에게 작은 생명의 씨앗
하나만 주었을 뿐이야. 그 씨앗 하나가 쪼개져 둘이 되고,
그 둘이 또 서로서로 둘이 되고 또 둘이 되고 그렇게 자꾸자꾸 늘어나면서
커지고 있단다. 그러면서 차츰 네 몸이 만들어지는 거지.
생명을 가진 씨앗 하나가 자라서 우리 아기의 살이 되고 피가 되고
뼈가 되고, 머리와 가슴, 배, 팔과 다리를 만들지. 또 예쁜 너의 얼굴에는
세상을 보고 듣고 냄새 맡고 이야기할 수 있는 눈과 귀와 코와 입을
만들지. 네 작은 몸속에도 엄마와 아빠처럼 우리 몸에 꼭 필요한 것들이
하나도 빠짐없이 차근차근 만들어지고 있단다. 정말 놀라운 일이지.
모두 네가 한 일이란다.
엄마는 그저 배 속에 방을 만들어 돕고 있을 뿐이야. 그러니 너야말로
세상 누구도 돈을 주고 대신할 수 없는 중요한 일을 하고 있는 거야.
엄마 배 속에 있는 고작 열 달 동안 완벽한 사람의 몸 하나를
만들어 낸다는 게 얼마나 놀라운 기적인지, 새삼 놀라고 있단다.

아기는 지금도 스스로
몸을 만들고 있어요

아기가 당신 배 속에서 스스로 몸을 만들고 있다는 사실이 놀랍지 않나요? 물고기의 알이나 식물의 배아와 같던 수정란이 처음에는 올챙이와 같은 모양이 되더니 점점 팔과 다리로 분화하면서 사람의 모습을 갖추어 가지요. 어느덧 눈과 코와 귀와 입이 생겨나고 손가락, 발가락까지 정교하게 만들어지는 일은 정말 기적이지요. 당신이 먹은 밥과 물과 좋은 먹거리들이 아기의 피와 살로 변해 가는 과정을 다달이 초음파 사진으로 확인하면서 천지창조를 지켜보는 듯 놀라운 경험을 하고 계실 테지요.

아기들은 엄마의 몸 안에서 새로운 다른 몸을 만들고 있어요. 그러면서 인류가 바닷속 원시 생명체부터 출발해 가장 고등한 생물로 변하는 엄청난 진화의 역사를 고스란히 재현하고 있습니다. 그것도 고작 열 달 동안, 세포 한 개에서 출발해서 말이죠.

세상에 이보다 놀라운 기적이 또 있을까요. 당신 안에서 우주가 태어나고 생명체가 진화한 위대한 역사가 펼쳐지고 있다니, 당신은 그 사실만으로 충분히 자랑스러워해도 됩니다.

아기가 태어나면 당신은 작고 가느다란 손가락 발가락 하나에도 희열에 몸을 떨게 될 거예요. 솜털 같은 머리카락 한 올, 살처럼 부드러운 손톱과 발톱, 입가에 흘러내린 침 한 방울도 신기하고 아름답게 느껴질 테니까요.

세상에! 우리는 누구도 아기에게 스스로 몸을 만드는 법을 가르쳐 준 일이 없습니다. 물론 우리도, 어머니 아버지로부터 배운 바가 없지요. 세포가 만들어지는 순간부터 스스로 알고 있는 놀라운 생명의 힘이지요. 아기는 그렇게 놀라운 일을 해내고서 곧 우리를 찾아옵니다. 그러면 당신은 많이 쓰다듬고 안아 주고 사랑해 주면 됩니다. 아가, 수고했다. 엄마에게 와 줘서 정말 고마워. 어린 송아지를 연신 핥아 주는 어미 소의 붉은 혓바닥처럼 당신도 그렇게 뜨거운 사랑을 전할 날이 얼마 남지 않았습니다.

너무 걱정하지 마세요. 지금 이 순간도 아기는 열심히 엄마와 아빠를 만날 준비를 하고 있으니까요. 열 달 동안 우리 아기의 몸 만들기 만큼, 당신도 부모가 되기 위한 마음 다지기 잘하고 계셨잖아요. 이제 남은 일은 예정일까지 오직 스스로 몸을 잘 돌보는 것뿐입니다. 엄마가 만드는 엄마의 몸이 고스란히 아기의 새로운 몸이 될 자양분이니까요.

그리고 하루하루 아기의 몸을 통해 새로운 우주를 만들어 가는 당신을 온전히 사랑하세요. 지금 이 순간 당신은 정말 소중한 사람이니까요.

엄마 배 속에서 너의 하루는 어떨까. 잠자고 깨어나는 일을 되풀이하는 것이 전부일까? 너는 아무 일도 안 하고 따뜻한 엄마의 작은 바다에서 둥둥 떠다니기만 하는 걸까? 그러면 엄마 아빠가 종종 일에 쫓겨 하루해가 너무 빠듯하다고 느껴지는 것처럼 바쁘고 정신없지는 않겠지. 그런데 곰곰 생각해 보니 세상에서 제일 바쁜 것은 아기들인지도 모르겠어. 세상에서 정말 중요하고 위대한 일을 하고 있으니까. 스스로 몸을 만들고 있잖니. 엄마와 아빠는 너에게 작은 생명의 씨앗 하나만 주었을 뿐이야. 그 씨앗 하나가 쪼개져 둘이 되고, 그 둘이 또 서로서로 둘이 되고 또 둘이 되고 그렇게 자꾸자꾸 늘어나면서 커지고 있단다. 그러면서 차츰 네 몸이 만들어지는 거지. 생명을 가진 씨앗 하나가 자라서 우리 아기의 살이 되고 피가 되고 뼈가 되고, 머리와 가슴, 배, 팔과 다리를 만들지. 또 예쁜 너의 얼굴에는 세상을 보고 듣고 냄새 맡고 이야기할 수 있는 눈과 귀와 코와 입을 만들지. 네 작은 몸속에도 엄마와 아빠처럼 우리 몸에 꼭 필요한 것들이 하나도 빠짐없이 차근차근 만들어지고 있단다. 정말 놀라운 일이지. 모두 네가 한 일이란다. 엄마는 그저 배 속에 방을 만들어 돕고 있을 뿐이야. 그러니 너야말로 세상 누구도 돈을 주고 대신할 수 없는 중요한 일을 하고 있는 거야. 엄마 배 속에 있는 고작 열 달 동안 완벽한 사람의 몸 하나를 만들어 낸다는 게 얼마나 놀라운 기적인지, 새삼 놀라고 있단다.

아가에게

●

네가 엄마 몸 안에 있는 동안 우리가 하나로 연결되어 있다는 사실은
놀라운 축복이었단다. 엄마가 먹고 마시고 숨 쉬고 잠을 자는 평범한
일상이 온전히 너를 위한 소중한 시간이었다는 사실만으로도 얼마나 가슴
떨리던지. 엄마가 세상에 태어나 가장 쓸모 있고 훌륭한 일을 해내고
있다는 뿌듯함, 그것만으로도 너는 충분히 네 몫의 효도를 다한 것 같아.
엄마가 이렇게 귀한 존재라는 것을 알게 해 준 것보다 큰 선물이 어디
있겠니. 정말 고마워.
너는 하루하루 무럭무럭 자라 엄마로부터 떨어져 혼자 살아갈 준비를
하고 있겠지. 이제 정말 얼마 안 남았구나? 그래, 마지막으로 엄마와
연결된 탯줄을 끊는 순간, 너는 비로소 세상을 향해 큰 소리로 울어
대겠지. 그 우렁찬 울음소리는 네가 세상에 나와 첫 숨을 쉬었다는
신호란다. 네 몸이 낸 첫 소리를 네 귀가 듣고 깜짝 놀라서 더 크게 울어
버릴지도 몰라. 하지만 그 울음소리는 세상에서 가장 기쁜 소리란다.
스스로 숨을 쉬면서 비로소 하나의 온전한 생명이 되었다는 걸
자랑하는 소리니까.
아가야, 엄마는 이제 마지막 숨 고르기를 하고 있어. 너와 한 몸이 되어
숨을 쉬는 날도 곧 끝나겠지. 하지만 세상으로 나온 네가 스스로 숨을
쉰다고 해도 우리는 늘 같은 하늘 아래 똑같은 공기를 마시며 살아갈
거야. 이제 곧 서로 다른 생명으로 살아가겠지만 그래도 우리는 함께,
온 지구의 생명들과 다 함께 호흡하는 하나의 목숨들이란다.
이제 곧 들을 수 있겠구나. 너의 첫 숨소리, 울음소리.

우리는
우주와 하나로 연결된
목숨입니다

이제 슬슬 출산 예정일이 가까워 오고 산처럼 부풀어 오른 배에 짓눌려 숨 쉬는 일조차 힘에 부치시죠. 특히 밤에는 이리 뒤척 저리 뒤척 많이 힘드실 거예요. 힘내세요. 이제 마지막 숨 고르기만 남았어요.

요즘은 분만할 때 고통을 덜어 주기 위한 다양한 호흡법을 배우고 익히는 엄마들이 많이 있더군요. 설령 그런 걸 제대로 배우지 못했더라도 우리는 천천히 숨을 들이마시고 내쉬는 것만으로도 충분히 마음의 안정을 찾게 되지요. 호흡이란 단순히 공기 중의 산소를 들이마시고 몸속에 있는 이산화탄소를 밖으로 내뿜는 것만은 아니니까요. 내 안에 뭉쳐 있는 걱정과 스트레스 같은 것들을 몸 밖으로 내뿜어 보들보들 유연한 기운이 감돌게 하는, 에너지의 순환이기도 하죠. 맑은 공기 속에서 숨을 잘 쉬는 것만으로도 몸과 마음이 얼마나 편안해지는지 당신도 잘 아시잖아요.

그런데 양수 속에 있는 아기는 어떻게 숨을 쉬는지 생각해 보셨나요. 아직 어른들처럼 온전한 의미의 숨 쉬기는 아니고 엄마가 들이마신 숨을 통해 탯줄과 양수로 공급되는 산소로 목숨을 유지하고 있답니다. 그러고 보면 엄마와 아기가 마지막까지 연결되는 것이 바로 숨이네요. 탯줄을 끊는 순간 비로소 아기 몸의 폐가 온전히 작동을 시작하니까요. 새로운 생명의 탄생을 알리는 신호가 바로 첫 숨에서 시작됩니다. 그 숨은 몸 안의 산소와 이산화탄소를 교환하는 것뿐 아니라 코와 입으로 드나들면서 성대를 울리게 해서 소리를 만들어 내지요. "엄마 아빠! 저 나왔어요!" 하고 울어 대는 아기의 첫 울음소리도 숨을 쉬기 때문에 생기니까요.

제 힘으로 숨을 쉬기 시작할 때 비로소 온전한 목숨이 탄생한다니, 그것을 떠올려 보면 숨 쉬는 일이 정말 거룩하게 느껴집니다. 또 숨은 내 몸이 바깥세상과 연결되는 통로이기도 하지요. 숨구멍을 통해 우리는 세상과 호흡하니까요. 내가 들이마신 숨 속에는 수백만 년 전 인류의 조상들이 들이마시고 내쉰 기체 알갱이들이 포함돼 있을 거예요. 지금 숨을 쉬는 일은 우리 곁의 꽃과 나무, 벌레와 새와 들짐승들이 마시고 내뿜은 공기들을 공유하는 일이기도 하지요.

아기가 우리와 하나로 연결되어 있다는 것을 온몸으로 깨우치던 순간순간처럼 어쩌면 아기는 우리가 우주와 본디 한 몸이라는 숭고한 진실을 알려 주기 위해, 아득히 먼 곳으로부터 수고롭게 우리 안으로 찾아왔는지도 몰라요.

아기가 우주이듯 그 우주를 태어나게 한 당신도 소중한 우주입니다. 그동안 고생 많으셨어요. 세상에 태어나 가장 값진 일을 해내신 당신에게 박수를 보냅니다. 고맙습니다.

네가 엄마 몸 안에 있는 동안 우리가 하나로 연결되어 있다는 사실은 놀라운 축복이었단다. 엄마가 먹고 마시고 숨 쉬고 잠을 자는 평범한 일상이 온전히 너를 위한 소중한 시간이었다는 사실만으로도 얼마나 가슴 떨리던지. 엄마가 세상에 태어나 가장 쓸모 있고 훌륭한 일을 해내고 있다는 뿌듯함. 그것만으로도 너는 충분히 네 몫의 효도를 다한 것 같아. 엄마가 이렇게 귀한 존재라는 것을 알게 해 준 것보다 큰 선물이 어디 있겠니. 정말 고마워. 너는 하루하루 무럭무럭 자라 엄마로부터 떨어져 혼자 살아갈 준비를 하고 있겠지. 이제 정말 얼마 안 남았구나? 그래. 마지막으로 엄마와 연결된 탯줄을 끊는 순간, 너는 비로소 세상을 향해 큰 소리로 울어 대겠지. 그 우렁찬 울음소리는 네가 세상에 나와 첫 숨을 쉬었다는 신호란다. 네 몸이 낸 첫 소리를 네 귀가 듣고 깜짝 놀라서 더 크게 울어 버릴지도 몰라. 하지만 그 울음소리는 세상에서 가장 기쁜 소리란다. 스스로 숨을 쉬면서 비로소 하나의 온전한 생명이 되었다는 걸 자랑하는 소리니까. 아가야, 엄마는 이제 마지막 숨 고르기를 하고 있어. 너와 한 몸이 되어 숨을 쉬는 날도 곧 끝나겠지. 하지만 세상으로 나온 네가 스스로 숨을 쉰다고 해도 우리는 늘 같은 하늘 아래 똑같은 공기를 마시며 살아갈 거야. 이제 곧 서로 다른 생명으로 살아가겠지만 그래도 우리는 함께, 온 지구의 생명들과 다 함께 호흡하는 하나의 목숨들이란다. 이제 곧 들을 수 있겠구나. 너의 첫 숨소리, 울음소리.

엄마 아빠가 함께 쓰는 태교 편지

사랑하는 아가에게

1판 1쇄 찍은날 2011년 10월 10일
1판 1쇄 펴낸날 2011년 10월 25일

지은이 김선미, 김미선
펴낸이 노미영

디자인 이규중

펴낸곳 마고북스
등록 2002. 1. 8.
주소 서울시 마포구 서교동 458-20 푸른감성빌딩 2층
전화 02-523-3123 팩스 02-523-3187
이메일 magobooks@naver.com

ISBN 978-89-90496-57-7 13590

마고북스의 책

●

선물 : 엄마 아빠가 함께 쓰는 태교 일기

제니퍼 데이비스 지음
로라 코넬 그림 | 민병숙 옮김

배 속 아기의 성장 과정, 엄마
몸의 변화, 엄마 아빠의 기다림의
시간을 사랑스럽게 표현하고
있는 그림책이자 아기가 태어날
날을 기다리며 엄마 아빠가
함께 꾸미는 아주 특별한
태교 일기.

베이비 토크 : 만 0~4세 하루 30분 말걸기 육아

샐리 워드 지음 | 민병숙 옮김

아기의 언어 발달뿐만 아니라
지적, 정서적 발달에도 결정적
영향을 미치는 말걸기 육아의
진수. 언어 발달의 기초체력을
길러 주는 방법이 상세하게
안내되어 있다.

차근차근 가치 육아 : 멀리 보고 크게 가르치는 육아 센스 65가지

미야자키 쇼코 지음 | 이선아 옮김

맛있게 먹고, 표현이 풍부하고,
창의적이고, 늠름하고… 그리고
무엇보다, 날마다 즐거운 아이로
키우는 따뜻한 육아책.
육아라는 숲에서 길을 잃지
않도록 이정표가 되어 준다.

오감 자극 엄마표 헝겊 장난감 놀이

이시카와 마리코 지음 | 임용옥 옮김

주변에서 쉽게 구할 수 있는
헝겊을 활용하여 아이의 성장을
촉진하는 헝겊 장난감 만드는
법과 놀이법을 소개하고 있다.
전 작품 도안 수록.

그림책의 힘

가와이 하야오 외 지음
햇살과나무꾼 옮김

나이와 세대를 초월하여 심오한
메시지를 전달하는 그림책의
힘과 새로운 가능성을 밝히는
책. 그림책이 현대 인간의 삶과
어떤 식으로, 얼마나 깊은
관계를 맺고 있는가에 대해
전문가 3인이 말한다.

아이들은 길 위에서 자란다

김선미 지음

3번 국도 따라 마라도까지,
마로네 세 모녀가 떠난
열나흘간의 특별한 체험 학습기.
아이들 가슴에 불씨를 댕긴
길 위의 시간들은 아이들뿐
아니라 엄마까지도 훌쩍
자라게 했다.

바람과 별의 집

김선미 지음

절기 따라 '한 달에 한 번
자연 속에 집을 짓는' 가족
야영의 열두 달 기록.
계절의 변화를 만끽할 수 있는
최적의 여행 경로와 야영지가
캠핑의 매력을 한껏 드러내 준다.